BEI GRIN MACHT SICH IHR
WISSEN BEZAHLT

Bibliografische Information der Deutschen Nationalbibliothek:

Die Deutsche Bibliothek verzeichnet diese Publikation in der Deutschen National-bibliografie; detaillierte bibliografische Daten sind im Internet über http://dnb.d-nb.de/ abrufbar.

Impressum:

Copyright © 2010 GRIN Verlag
Druck und Bindung: Books on Demand GmbH, Norderstedt Germany
ISBN: 9783656479017

Kathrin Nährig

Verschiedene Melkverfahren im Vergleich und deren mögliche Auswirkungen

GRIN Verlag

GRIN - Your knowledge has value

Der GRIN Verlag publiziert seit 1998 wissenschaftliche Arbeiten von Studenten, Hochschullehrern und anderen Akademikern als eBook und gedrucktes Buch. Die Verlagswebsite www.grin.com ist die ideale Plattform zur Veröffentlichung von Hausarbeiten, Abschlussarbeiten, wissenschaftlichen Aufsätzen, Dissertationen und Fachbüchern.

Besuchen Sie uns im Internet:

http://www.grin.com/

http://www.facebook.com/grincom

http://www.twitter.com/grin_com

Ostendorfer Gymnasium Neumarkt i.d.OPf.

Kollegstufenjahrgang 2009/2011

F A C H A R B E I T

aus dem Fach

B I O L O G I E

Thema der Facharbeit:

Verschiedene Melkverfahren im Vergleich und deren mögliche Auswirkungen

Verfasserin: Kathrin Nährig

Abgabetermin: 23.12.2010

Inhaltsverzeichnis

4

I.   Allgemeines zur Milch

1. Definition

Milch ist, biologisch gesehen, eine Nährflüssigkeit, die weibliche Säugetiere aus speziellen Drüsen, den Milchdrüsen, abgeben und die den Neugeborenen in den ersten Lebensmonaten als alleinige Nahrung dient.[1] Physikalisch betrachtet ist Milch eine Öl-in-Wasser-Emulsion, das heißt, dass das Fett in Form kleinster Fettkügelchen im Milchserum verteilt ist. Zucker, Salze und Eiweiße liegen gelöst vor. Für die weiße Farbe der Milch sind sowohl das Milchfett als auch die Kaseinfraktion[2] der Milch verantwortlich. Die winzigen Fettkügelchen reflektieren ebenso wie das Kasein das einfallende Licht.

2. Zusammensetzung

Die entscheidensten Komponenten stellen die Milchproteine (2,8 bis 4,2%), das Milchfett (3,0 bis 7,0%) und der Milchzucker [Laktose (4,6 bis 5,0%)] dar. Daneben enthält Milch wichtige Mineralstoffe, aber auch Vitamine und Hormone.[3] Die Zusammensetzung der Milch einer Säugetierart variiert in Abhängigkeit von Rasse, Individuum, Haltungs- und Fütterungsbedingungen, Alter, Melkintervall, Laktationsstadium[4] und Gesundheitszustand.[5]

3. Bedeutung

Unter den Lebensmitteln nimmt die Milch eine Sonderstellung ein. Denn diese ist das einzige Lebensmittel, das von der Natur spezifisch zur Ernährung von Mensch und Tier gebildet wird. Sie enthält alle für den Menschen essenziellen Aminosäuren, die der Körper selbst nicht herstellen kann. Dazu gehören Isoleucin, Leucin, Lysin, Methionin, Phenylalanin, Threonin, Tryptophan, Calin und

---

[1] Milch und Melken 2008, S.11
[2] Den größten Anteil an Milcheiweißen stellen die „Kaseine" mit 70-80% dar. Kaseine werden im Euter synthetisiert: Molkenproteine, die nächstgrößere Proteinfraktion in der Milch, treten vom Blut in die Milch über.
[3] Vgl. IQ.16, S.20
[4] Laktation: Zeit zwischen dem Abkalben und der Trockenperiode, in der die Kuh Milch gibt
[5] Kurzes Lehrbuch: Milchkunde und Milchhygiene, S.80

Histidin.[6] Milch liefert Kalium, Magnesium, Jod, fettlösliche Vitamine und Kalzium, das zum Beispiel nicht nur Baustein von Knochen und Zähnen ist, sondern auch eine wichtige Rolle für die Funktion der Muskeln spielt.[7] Auch aus wirtschaftlicher Sicht ist Milch für den Menschen ein signifikantes Lebensmittel. Die weltweite Milchproduktion liegt pro Jahr bei 609 Millionen Tonnen, wovon etwa 85% Kuhmilch sind. Zu den größten Milchproduzenten zählen die USA, Indien und Russland. Die europäische Union stellt mit rund 120 Millionen Tonnen produzierter Milch pro Jahr den größten Markt für Milcherzeugnisse dar.[8]

II.   Formen des Milchentzugs und Auswirkungen auf Milchbestandteile etc.

Grundlagen der Melktechnik

Milch, die sich in der Milchdrüse angestaut hat, lässt sich gewinnen, indem der Widerstand des Zitzenkanals überwunden und die Milchejektion angeregt wird. Damit sich die Zitzenkanäle öffnen, ist eine Druckdifferenz von 8 - 15 kPa zwischen dem Inneren der Zitze und dem Raum, der die Zitze umgibt, nötig. Diese Druckdifferenz kann auf drei Wegen erzeugt werden.[9] Durch Unterdruck an der Zitze, Überdruck in der Zitze oder aufgrund der Schwerkraft.[10]

1.   Formen des Milchentzugs

1.1   Handmelken

Für die Milchgewinnung war bis in die 1950er das traditionelle Handmelken vorherrschend. Dies war für den Landwirt eine sehr anstrengende und kräftezehrende Handarbeit. Der Melker hatte daher unter den landwirtschaftlichen Arbeitskräften das höchste Ansehen und war auch am besten bezahlt. Das täg-

---

[6] Kurzes Lehrbuch: Milchkunde und Milchhygiene, S.204
[7] Milch und Melken 2008, S.11
[8] Vgl. IQ. 1
[9] Kurzes Lehrbuch: Milchkunde und Milchhygiene, S.23
[10] Milchkunde und Melktechnik. Vorlesung TiHo-Hannover, Sommersemester 2008

lich zweimalige Melken und die Milchabfuhr bestimmten in den Milchviehbetrieben den Tagesablauf im bäuerlichen Leben.[11]

Beim Handmelken unterscheidet man drei Methoden.

1.1.1 Vollhandmelken

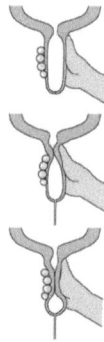

Das Vollhandmelken, auch Fäusteln, Fausten oder Allgäuer Methode genannt, ist die schonendste Handmelkmethode. Hierbei wird die Zitze mit Daumen und Zeigefinger ringförmig umschlossen. Nach Verschluss der Zitzenzisterne durch Daumen und Zeigefinger wird durch das Schließen der übrigen Finger die Milch aus dem Strichkanal ausgedrückt.[12]

Abb.1: Das Vollhandmelken

1.1.2 Strippen

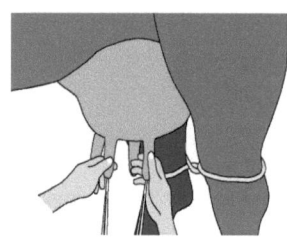

Abb.2: Das Strippen

Eine weitere Handmelkmethode ist das Strippen. Zu Beginn wird die Zitze angefeuchtet, um das Gleiten zu erleichtern. Daraufhin wird die Zitze zwischen ausgestrecktem Daumen und Zeigefinger zusammengedrückt, um somit die Milch abzuschnüren. Durch das Abgleiten der gegeneinander gedrückten Finger wird die Milch herausgestreift.[13] Ein Nachteil dieses Verfahrens ist, dass es leicht zu einer übermäßigen Gewebsbelastung, vor allem im Bereich der Zitzenspitze, kommen kann.

---

[11] Vgl. IQ.15
[12] Kurzes Lehrbuch: Milchkunde und Milchhygiene, S.23
[13] Milchkunde und Melktechnik. Vorlesung Titto-Hannover, Sommersemester 2008

1.1.3 Knebeln

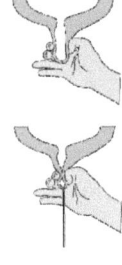

Das dritte Verfahren nennt sich Knebeln und ist auch unter den Bezeichnungen Knöcheln oder Daumenmelken bekannt. Hierbei wird die Zitzenzisterne durch den Daumenrücken und den Zeigefinger abgeschnürt. Im nächsten Schritt pressen die übrigen Finger auf den Daumenrücken und drücken somit die Milch aus.[14]

Abb.3: Das Knebeln

1.2 Mechanisierter Entzug

Trotz der anstrengenden Handarbeit haben sich bis Mitte des 20. Jahrhunderts Versuche zum maschinellen Milchentzug nicht in stärkerem Maße durchgesetzt. Bis Ende der 20er Jahre waren weltweit erst etwa 50 Melkanlagen in Betrieb. Diese Entwicklung hat sich, wie nachfolgend beschrieben, vollzogen.[15] Das älteste Zeugnis dafür, dass Menschen Milch für ihre Zwecke gewonnen haben, ist ein Relieffries aus dem Tempel der Göttin Nin-Khursag, das auf die Zeit um 3100 vor Christus datiert wird und Melker aus einer Tempelanlage in El Obaid bei Ur zeigt. Aus der gleichen Zeit stammen auch Aufzeichnungen in Keilschrift über sumerische Bauern, die aus der Milch erste Milchprodukte herstellten.

Abb.4: Relieffries aus dem Tempel der Göttin Nin- Khursag

Das Relief zeigt, dass die Kurzhornrinder mit den Händen durch die Hinterbeine gemolken wurden, wobei das Kalb am Hals der Kuh angebunden war.

---

[14] Milchkunde und Melktechnik. Vorlesung TiHo-Hannover, Sommersemester 2008
[15] Vgl. IQ. 2

Das Präsentieren des Kalbes und die Position des Melkers, in der es ihm mög-lich warm, Luft mit einem Schilfrohr in die Scheide der Kuh einzublasen, zeigt, dass die Melkbereitschaft der Kühe schon vor etwa 5.000 Jahren vom Men-schen stimuliert wurde.[16]

1.2.1 Prinzip der Milchextraktion durch Schwerkraft

1.2.1.1 Kathetertechnik der Ägypter

Die ersten Hinweise auf Technisierungsversuche der Melkarbeit stammen aus Ägypten. Vermutlich versuchten sie Melkröhrchen in die Strichkanäle einzufüh-ren, um die Milch schnell abfließen zu lassen und somit das Melken zu erleich-tern.

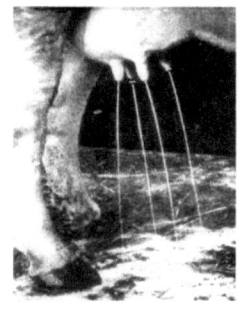

Abb.5: Milchextraktion durch Schwerkraft

Bei der Entwicklung des technischen Milchent-zuges wurde zunächst auf Grund der Schwer-kraft ein freies Abfließen der Milch mittels Mel-kröhrchen garantiert. Um 1830 wurden dazu hohle Federkiele bzw. Strohhalme, die über den Strichkanal in die Zitzen eingeführt wurden, zum schnelleren Entleeren des Euters benutzt. Dieser Vorgang erfolgte auf die Art und Weise wie es vermutlich im alten Ägypten praktiziert wurde.[17]

Abb.6.: Kanüle

---

[16] Milch und Melken 2002, S.7
[17] Vgl. IQ. 2

1.2.1.2 Melkröhrchenapparat

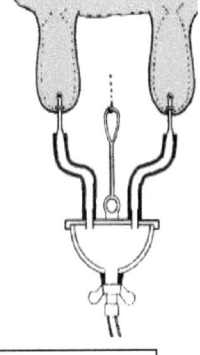

1836 wurde Blurton in Großbritannien das erste Patent für die Herstellung und Anwendung eines Melkröhrchens erteilt. Dabei wurden kleine metallene Röhrchen in die Zitzen gesteckt, um den Widerstand des Zitzenkanals zu überwinden. Da häufig schwere Schädigungen des Schließmuskels[18] und Eutererkrankungen die Folge waren, waren diese Melkapparate für den ständigen Einsatz nicht geeignet.[19]

Abb.7: Melkröhrchenapparat

1.2.2 Prinzip der Milchextraktion durch Unterdruck

1.2.2.1 Melkpumpe nach Hodges

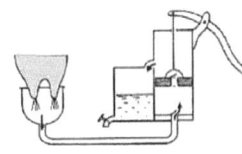

1851 gelang es Hodges durch die Erfindung der Melkpumpe erstmals mittels Unterdruck Milch zu gewinnen.[20] Hierbei wurde die Milch aller vier Zitzen über eine auf das Euter aufgestülpte Vakuumglocke abgesaugt. Auch hierbei kann es zu

Abb.8: Melkpumpe nach Hodges

Euterentzündungen und teils heftige Abwehrbewegungen der Kühe machten eine Weiterentwicklung dieses Systems erforderlich.[21]

---

[18] Zirkulär in der Zitzenwand verlaufende Muskulatur, die durch Kontraktion einen Verschluss der Zitze bewirkt
[19] Vgl. IQ. 2
[20] Milch und Melken 2008, S.75
[21] Persönliche Mitteilung von A. Nährig

1.2.2.2 Vakuum- Handmelkapparat nach Colvin

Colvin entwickelte einen Vakuummelkeimer, bei dem über eine handbetriebene Vakuumpumpe ein Unterdruck in den auf die Zitzen aufzustülpenden „Zitzenbechern" erzeugt wurde.[22]

Abb.9: Vakuum- Handmelkapparat nach Colvin

1.2.3 Prinzip der Milchextraktion durch Überdruck

1.2.3.1 Druckrollenapparat von Blake

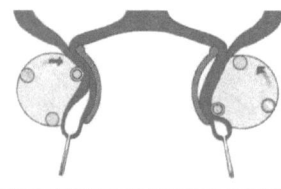

Abb.10: Druckrollenapparat

1867 erfand Blake den links abgebildeten Druckrollenapparat. Bei diesem wurden die Zitzen in eine Schiene eingespannt und über drei frei drehbare Rollen in Dreicksanordnung, die über eine Handkurbel an der Zitze entlanggedreht wurden, die Milch aus der Zitze gepresst. Nicht selten wurde dabei das Zitzengewebe geschädigt, weshalb sich der Druckrollenapparat nicht durchsetzte.[23]

---

[22] Persönliche Mitteilung von A. Nährig
[23] Milch und Melken 2008, S.75

1.2.3.2 Druckplatten- Melkmaschine nach Gustav Dalen

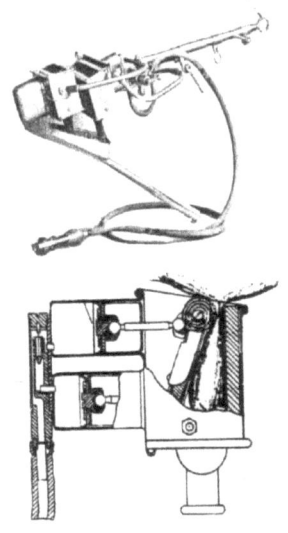

1908 entwickelte Gustav Dalen einen Melkapparat mit zwei Zitzenbechern für das vordere und hintere Zitzenpaar.[24] Auf der Grundlage des Vollhandmelkens, wie beim Druckrollenapparat, wird die Zitzenzisterne an der Zitzenbasis (d.h. am Übergang zum Euterboden) über einen Stempel abgeklemmt und die Milch über einen weiteren seitlich auf die Zitze drückenden Stempel herausgepresst. Die Besonderheit dieser Druckplatten-Melkmaschine lag darin, dass sich ein Zitzenpaar regenerieren konnte, während das andere gemolken wurde. Auch diese Art des Melkens wurde nicht weiterverfolgt, da sie unrentabel und nicht tiergerecht war.[25]

Abb.11: Melkmaschine nach Gustav Dalen

1.2.4 Prinzip der Milchextraktion durch pulsierenden Unterdruck

1.2.4.1 Erfindung des Pulsators durch Shiels

Ein kontinuierlicher Sog auf die Zitzen führte zur Ansammlung von Blut und Lymphflüssigkeit im Zitzengewebe. Diese Nachteile umgehend, entwickelte Shiels 1895 den Pulsator, der die Zitzen abwechselnd vom Unterdruck entlastete, d.h. mal Unterdruck an dem einen und mal an dem anderen Zitzenbecher aufbaute. Die gerade nicht mit Unterdruck beaufschlagte Zitze konnte sich so immer wieder kurzfristig regenerieren.[26] Dieses pulsierende Vakuum kann der Nachahmung des saugenden Kalbes am Nächsten und war somit schonender

---

[24] Milchkunde und Melktechnik. Vorlesung TiHo-Hannover, Sommersemester 2008
[25] Persönliche Mitteilung von A. Nährig
[26] Persönliche Mitteilung von A. Nährig

für das Euter der Kuh. Da sich dieses Prinzip am aussichtsreichsten erwies, wurde es bis zum heutigen Zeitpunkt weiterentwickelt.[27]

1.2.4.2 Zweiraummelkbecher nach Gillies

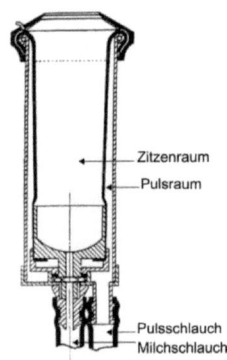

Zitzenraum
Pulsraum

Pulsschlauch
Milchschlauch

Abb.12: Zweiraummelkbecher

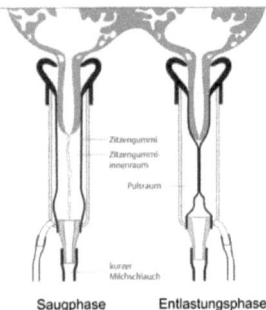

Saugphase   Entlastungsphase

Abb.13: Saug- und Entlastungsphase

1903 verwirklichte Gillies die Idee des Zweiraummelkbechers. Letztere bestand, wie in Abb. 12 dargestellt, aus einer metallenen Melkbecherhülse und einem in dieser Hülse eingezogenen Zitzengummi. Zum Melken wurde dieser „Becher" auf die Zitze gesetzt. Der Bereich, in welchen die Zitze hineinragt, wird treffenderweise „Zitzengummiinnenraum" bezeichnet. Während des Milchentzugs herrscht hier kontinuierlich Vakuum. Der Raum zwischen Zitzengummi und Melkbecherhülse wird hingegen in Verbindung mit den Puslator abwechselnd evakuiert (Aufbau eines Unterdrucks) oder belüftet (Einlass atmosphärischer Luft). Auf diese Weise entsteht eine Saugphase (Zitzengummi ist weitgestellt, Milch fließt) und eine Entlastungsphase (Zitzengummi ist unter der Zitze geschlossen). Nach diesem Prinzip arbeiten heute immer noch modernste Melkmaschinen, wie zum Beispiel das automatische Melksystem VMS[28].[29]

Die Entwicklung des maschinellen Melkens war über ein volles Jahrhundert von vielen Misserfolgen und Rückschlägen geprägt. Das hochempfindliche Euter und die schnell verderbliche Milch stellten den Erfindern fast unüberwindliche

---

[27] Vgl. IQ.15
[28] Voluntary Milking System
[29] Persönliche Mitteilung von A. Nährig

Hindernisse in den Weg. Erst Gillies gelang es Technik und Tier auf euterscho-
nende Weise zusammenzubringen.[30]

1.2.5   Prinzip des heutigen Milchentzugs

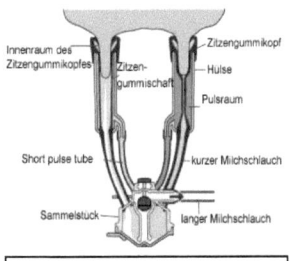

Abb.14: Aufbau des Melkzeugs

Melkanlagen, die heutzutage eingesetzt werden
entziehen dem Euter die Milch nach den Erfin-
dungen von Shiels und Gillies. Dies geschieht
durch eine Vakuumpumpe, die während des
Melkens kontinuierlich Luft aus der Melkanlage
entfernt. Der hierbei erzeugte Unterdruck, der für
das Melken erforderlich ist, wird durch ständigen
Lufteinlass über ein Regelventil gesteuert. Paral-
lel können kurzzeitig Vakuumsschwankungen, die durch Lufteinbrüche entstan-
den sind, durch die Regelung des Ventils ausgeglichen werden, sodass das
Melkvakuum unverändert bleibt.

Der grundlegende Bauteil einer Melkanlage ist das Melkzeug, welches aus vier
Melkbechern mit Zitzengummis, vier kurzen Milch- und Pulsschläuchen und
dem Sammelstück besteht. Aufgabe des Melkzeugs ist es mit Hilfe der Zitzen-
gummibewegung die Milch zu ermelken.[31] Das Zitzengummi nimmt die Zitze auf
und dichtet somit das Melksystem gegenüber der Kuh ab. Im Zitzengummiinnenraum herrscht annähernd konstanter Unterdruck, während im Pulsraum[32]
vom Pulsator gesteuert entweder Melkvakuum oder atmosphärischer Luftdruck
herrscht. Die Druckverhältnisse der beiden Melkbecher bestimmen die Bewe-
gung des Zitzengummis. Ist der Pulsraum mit der Außenwelt verbunden, faltet
sich der Zitzengummischaft aufgrund der Druckdifferenz ein, verschließt den
Strichkanal und massiert die Zitzenkuppe. Diese Phase nennt man Massagephase. Aufgrund eines gleich vorherrschenden Unterdrucks in beiden Melkbe-
cherräumen öffnet sich in der Saugphase das Zitzengummi, entlastet die Zitzenkuppe und ermöglicht den Austritt der Milch durch den Strichkanal. Darauf

---

[30] Vgl. IQ.15
[31] Milch gewinnen wie die Profis 2005, S.8
[32] Raum zwischen Zitzengummi und Becherhülse

wird die Milch der einzelnen Euterviertel im Sammelstück erfasst und über einen langen Milchschlauch an die Melkleitung transportiert. Im Anschluss daran fließt die gewonnene Milch über die Melkleitung zum Milchabscheider. Durch die Pumpe am Milchabscheider wird diese gegen den Unterdruck in den Tank gepumpt.[33]

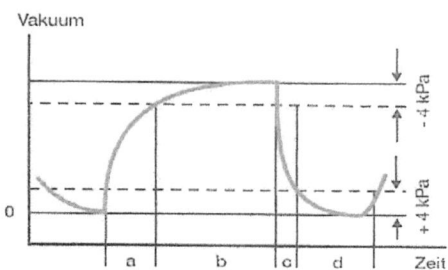

Abb.15: Verlauf des Unterdrucks im Pulsraum des Zitzenbechers (Pulskurve)
a = Evakuierungsphase; b = Melkphase; c = Belüftungsphase;
d = Massagephase

Abb.15: Verlauf des Unterdrucks im Pulsraum des Zitzenbechers

1.2.5.1 Erläuterung der Pulsierung

Während der Saugphase wird der Pulsraum evakuiert. In der Phase a öffnet sich das Zitzengummi und die Milch beginnt zu fließen. Während der Phase b ist das Zitzengummi offen und die Milch fließt aus der Zitze heraus. In der Phase c wird Luft mit atmosphärischem Druck in den Pulsraum eingelassen. Hierdurch kollabiert das Zitzengummi und unterbricht den Milchfluss. Während der Massage- oder Druckphase d umschließt das Zitzengummi die Zitzenkuppe und massiert sie.[34]

---

[33] Vgl. IQ.16, S. 27/28
[34] Vgl. IQ. 3

1.2.6   Aufbau der einzelnen Melksysteme

1.2.6.1   Eimermelkanlage

Die Eimermelkanlage stellt den einfachsten Melkanlagentyp dar. Das Prinzip hierbei ist, dass die Milch vom Melkzeug in einen tragbaren Melkeimer, der mit dem Vakuumsystem verbunden ist, fließt. Trotz den erfüllenden melktechnischen Anforderungen, der großen Funktionssicherheit und Robustheit, verliert dieses Melksystem aufgrund der hohen Arbeitsbelastung durch den notwendigen manuellen Milchtransport aus dem Stall, an Bedeutung.[35]

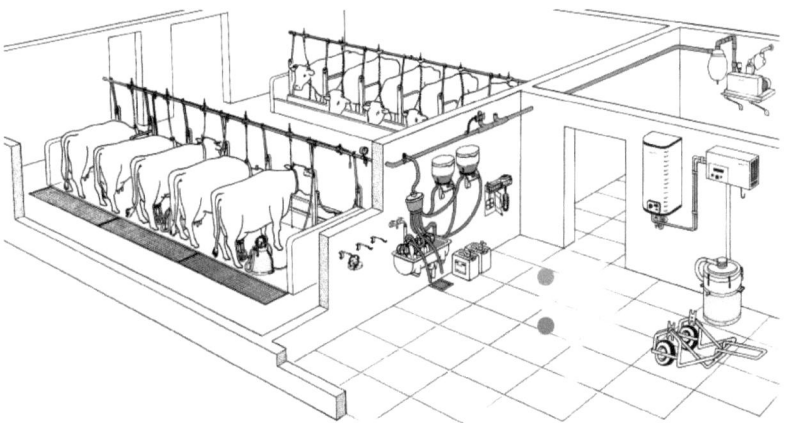

Abb.16: Aufbau einer Eimermelkanlage

---

[35] Kurzes Lehrbuch: Milchkunde und Milchhygiene, S.33

1.2.6.2 Rohrmelkanlage

Rohrmelkanlagen sind im Gegensatz zu Eimermelkanlagen fest am Fress- und Liegeplatz der Kuh installiert und ersparen somit dem Landwirt das anstrengende und auf Dauer ungesunde Transportieren der Milch.[36]

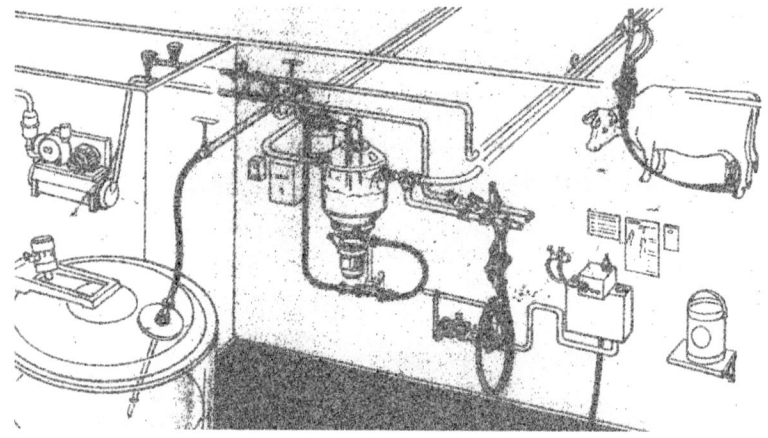

Abb.17: Aufbau einer Rohrmelkanlage

1.2.6.3 Melkstände

Bei den heutigen größeren Milchviehlaufställen gehören Melkstände zur Standardausrüstung. Die Melkarbeit ist stehend, in einer günstigen Körperhaltung zu erledigen, die Überwachung des Melkvorgangs einfacher und die zurückgelegten Wegstrecken kürzer. Die Auswahl eines Melkstandes und der installierten Melktechnik ist abhängig von der Kuhzahl, dem Raumangebot, der Zuordnung zum Stall, dem Kapitalbedarf, sowie der Neigung des Landwirts. Kennzeichnend für alle Melkstände ist, dass die Kühe zum Melker kommen, der in einer etwa einen Meter tiefen Grube steht und von dort die anstehenden Melkarbeiten ausführt. [37] Melkstände lassen sich einteilen in Einzel- oder Gruppenmelkstände.

---

[36] Vgl. IQ.14
[37] Milch gewinnen wie die Profis 2005, S.16

1.2.6.3.1 Einzelmelkstände

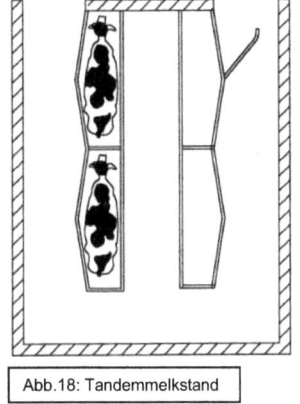

Abb.18: Tandemmelkstand

Kennzeichnend für Einzelmelkstände ist, dass jedes Tier unabhängig von den anderen den Melkstand betreten und verlassen kann. Somit beeinträchtigen langsam melkende Kühe den Wechsel nicht und es kann je Melkplatz ein hoher Durchsatz erreicht werden. Zudem haben die Tiere beim Melken keinen direkten Kontakt zueinander, weshalb kaum Einflüsse auf das Melken durch andere Tiere gegeben sind.[38] Gängige Formen der Einzelmelkstände sind der Durchtreibe- und Tandemmelkstand.

1.2.6.3.2 Gruppenmelkstände

Bei Gruppenmelkständen können die Kühe nur gruppenweise rein- und rausgetrieben werden. Sie ermöglichen die gruppenweise Erledigung von Teilarbeiten und bieten damit arbeitswirtschaftliche Vorteile. Allerdings werden die Melkgeschwindigkeit und die Aufenthaltsdauer einer Gruppe stets durch die am langsamsten melkende Kuh bestimmt.[39] Typische Formen sind der Fischgräten- und der Side-by-side-Melkstand.

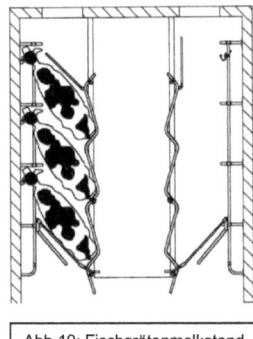

Abb.19: Fischgrätenmelkstand

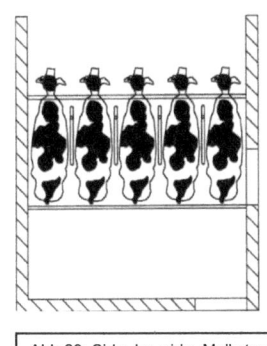

Abb.20: Side- by- side- Melkstand

---

[38] Milch gewinnen wie die Profis 2005, S.19
[39] Kurzes Lehrhandbuch: Milchkunde und Milchhygiene, S.35

1.2.6.4 Melkkarussell

In einem Melkkarussell befinden sich die zu melkenden Tiere auf einer rotierenden, ringförmigen Plattform. Die Melkplätze sind in Fischgrät-, Side- by- side- oder Tandem- Bauweise angeordnet. Die melkende Person steht entweder im Innenbereich des Karussells und welches in diesem Fall als Innenmelker bezeichnet wird, oder beim Außenmelker auf der Außenseite des Karussells.[40] Nachteil hierbei ist, dass nicht alle Melkplätze eingesehen werden können und dadurch mehr Personal benötigt wird. Grundsätzlicher Vorteil aller Karusselle ist, dass mit 40 bis 80 Melkplätze große Herden gemolken werden können. Somit sind etwa 2000 Kühe im Dreischichtbetrieb keine Seltenheit.[41]

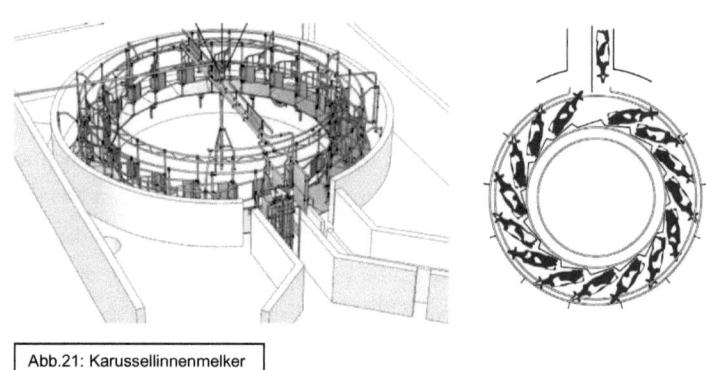

Abb.21: Karussellinnenmelker

1.2.6.5 Melkroboter

Automatische Melksysteme verfolgen das Ziel, Kühe entsprechend ihrer jeweiligen Melkzeit vollständig automatisch, d.h. ohne mittelbare menschliche Einwirkung zu melken. Gründe für die Entwicklung waren die Reduzierung des Arbeitsaufwandes mit Verbesserung der sozialen Bedingungen für die Landwirtschaftsfamilien, die steigende Milchleistung aufgrund höherer Melkfrequenz[42]

---

[40] Kurzes Lehrhandbuch: Milchkunde und Milchhygiene, S.36
[41] Persönliche Mitteilung von A. Nährig
[42] Häufigkeit des Melkens

und die Verbesserung der Haltungsbedingungen.[43] Nach dem Betreten des Melkroboters wird die Kuh über ein Transpondersystem erkannt. Alle melkrelevanten Daten der Kuh holt sich das System aus einem angeschlossenen Computer. Der integrierte Roboterarm erhält so die Positionen der einzelnen Zitzen und die erwarteten Milchmengen. Zudem bezieht das System die Information, welche Menge an Kraftfutter die Kuh zum Fressen bekommt. Dies spielt bei einem „Freiwilligen Melksystem" eine große Rolle, da die Kuh vor allem über das Futter in die Melkbox gelockt wird.

Da der Landwirt zum Großteil nur noch administrative Aufgaben erledigt, hat sich das AMS[44] durchgesetzt, was die heutigen Verkaufszahlen beweisen. [45] Besonders im Norden Europas in Dänemark, Schweden oder Finnland werden bis zu 80 % der neu verkauften Melktechniken bereits als Melkroboter installiert. Weltweit gibt es bereits ca. 14.000 verkaufte Anlagen.[46]

Abb.22: Freiwilliges Melksystem von DeLaval

[43] Kurzes Lehrhandbuch: Milchkunde und Milchhygiene, S.41
[44] Automatisches Melksystem
[45] Persönliche Mitteilung von A. Nährig
[46] Persönliche Mitteilung von A. Nährig

2. Auswirkungen auf die Milchproduktivität

Grundsätzlich hat die Technik keine Auswirkungen auf die Milchproduktivität. Allerdings erlaubt es die Entwicklung der Melktechnik mit schonendem Milchentzug Kühe mehrmals am Tag zu melken.[47] Hierbei sind durch die Häufigkeit und die vollständige Entleerung der Milchdrüse Leistungssteigerungen zu erwarten. Den größten Einfluss haben jedoch das Kraftfutter und die kontinuierliche Zucht auf hohe Milchleistungen. So konnte die Milchleistung von durchschnittlich 2000 Litern auf bis auf 15000 Litern und mehr im Jahr gesteigert werden.

3. Auswirkungen auf die Milchbestandteile

In ihren Bestandteilen hat sich die Milch durch die Melktechnik nie geändert. Heutzutage wird aber durch gezielte Fütterung der Fett- und Eiweißgehalt beeinflusst, da der Landwirt finanzielle Zuschläge erhält.[48]

4. Auswirkungen auf die Zucht

Die technische Entwicklung hat keinen Einfluss auf die Zucht oder die Form des Euters genommen. Lediglich der Mensch hat die Tiere so gezüchtet, dass diese sich optimal der Melktechnik anpassen. Entscheidend sind hierbei die Euterform, der Abstand zwischen den einzelnen Zitzen, die Zitzenlänge und den Abstand der Zitzen zum Boden.[49]

5. Milchpreise

In der EU bilden sich die Preise für Milch und Milchprodukte nicht völlig frei nach den marktwirtschaftlichen Gesetz von Angebot und Nachfrage. Ein festes Kontingent der Liefermengen garantiert hierbei einen stabilen Milchpreis.[50]

5.1 Erzeugerpreis

---

[47] Persönliche Mitteilung von A. Nährig
[48] Persönliche Mitteilung von A. Nährig
[49] Persönliche Mitteilung von A. Nährig
[50] Persönliche Mitteilung von A. Nährig

Der Erzeugerpreis, oder auch Milchauszahlungspreis[51], wird in Euro- Cent pro Kilogramm berechnet und setzt sich aus einem Grundpreis, den möglichen Zuschlägen für höhere Fett- und Eiweißgehalte und den Mehrwertsteuern zusammen. Weitere Qualitätskriterien, die den Preis beeinflussen sind die Keimzahl, Zellzahl, Hemmstoffe und der gemessene Gefrierpunkt der gelieferten Rohmilch[52],[53].

5.2 Verbraucherpreis

Da viele Akteure an der Verarbeitung und Lieferung der Milch beteiligt sind, wird der Verbraucherpreis[54] von vielen Faktoren bestimmt. Diese sind neben dem Erzeugerpreis, die Produktionskosten in der Molkerei, die Verpackungskosten, die Kosten für Lagerung, für die Auslieferung, die erneute Lagerung im Handel, für den anteiligen Aufwand für Verkaufstätten und die Mehrwertsteuer.

III.   Ausblick auf weitere Entwicklungen in der Melktechnik

Der nächste Schritt in der Entwicklung der Melktechnik ist eine rotierende Plattform, auf denen die Kühe automatisch gemolken werden. Auf der Euro- Tier in Hannover wurde nun erstmals das automatische Melkkarussell AMR™ von DeLaval vorgestellt. Das System ist eine revolutionäre Lösung für automatisches Melken, das flexibel genug ist, in verschiedenen Betriebssystemen, von Laufställen bis hin zu ganzjähriger Weidehaltung, eingesetzt werden zu können. Es verfügt insgesamt über fünf Roboter. Davon übernehmen zwei die Aufgabe der Zitzenvorbereitung, das Reinigen und Vormelken, und weitere zwei das Ansetzen des Melkzeugs. Der fünfte Roboter ist nach dem Melken für die Zitzendesinfektion zuständig, wobei jede Zitze einzeln mit Hilfe einer hochmodernen 3D-Kamera, die die Zitzen in Echtzeit erkennt, vollautomatisch besprüht wird. Um während des Melkens maximale Hygiene zu gewährleisten, ist das System

---

[51] Preis, den der Milchverarbeiter an den Milcherzeuger zahlt
[52] Unbehandelte Milch
[53] Vgl. IQ.4
[54] Preis, den der Konsument für ein Milchprodukt beim Kauf im Handel bezahlt

mit einer automatischen Plattformspülung ausgerüstet. Diese besteht aus einem Reinigungsschieber und Wassersprühdüsen für den Plattformboden.[55]

Abb.23: DeLaval AMR™

Als Hauptgrund dieser Entwicklung ist die Arbeitserleichterung für den Landwirt zu betrachten. Daneben spielt die Entwicklung des Milchpreises eine Rolle, da 2015 mit dem Auflösen der Kontingentierung der Milchpreis der Marktwirtschaft unterliegt. Somit ist der Landwirt gezwungen mehr Kühe zu melken, um seine Existenz zu sichern, wobei euterschonendes, tierfreundliches Melken ebenso von Bedeutung sind wie effizient nutzbare Melktechnik.

---

[55] Vgl. IQ.5

Literaturverzeichnis:

⇒ Krömker, V. (2007): Kurzes Lehrbuch: Milchkunde und Milchhygiene. Parey in MVS Medizinverlage Stuttgart GmbH & Co. KG, Stuttgart

⇒ Baumgartner, C., Aksen,T., Borchert, U., Fischer, K. (2008): Milch und Melken. AVA- Agrar Verlag Allgäu GmbH, Kempten/Allgäu

⇒ Baumgartner, C., Deneke, J., Kleinschroth, E., Rabold, K. (2005): Milchqualität und Eutergesundheit professionell managen. AVA- Agrar Verlag Allgäu GmbH, Kempten/Allgäu

⇒ Eckl, J. (2005): Milch gewinnen wie die Profis 2005. AVA- Agrar Verlag Allgäu GmbH, Kempten/Allgäu

⇒ Persönliche Mitteilung von A. Nährig (Kundendienstleiter, DeLaval GmbH)

⇒ Reinecke, F., Falkenhagen, J. (2008): Milchkunde und Melktechnik. Vorlesung für Studenten des neunten Fachsemesters Tiermedizin der Tierärztlichen Hochschule Hannover (Power Point Präsentation)

⇒ IQ.1:http://www.fabriknahrung.de/milch-warenkunde/63; Stand: 20.12.2010

⇒ IQ.2:Kirst, E. (2008): Historische Entwicklung der Melktechnik Link: http://vetline.de/facharchiv/nutztiere/vetkolleg/historische-entwicklung-melktechnik.htm; Stand: 20.12.2010

⇒ IQ.3:http://www.delaval.de/Wissenswertes/EfficientMilking/Demands_On _The_Milking_Equipment.htm?wbc_purpose=basicAbout_DeAb; Stand: 20.12.2010

⇒ IQ.4:http://www.meine-milch.de/artikel/was-ist-der-„milchpreis"; Stand: 20.12.2010

⇒ IQ.5:http://www.delaval.de/About_DeLaval/PressCentre/Press_releases/ DeLaval_AMR.htm; Stand: 20.12.2010

⇒ IQ.6:Läubli, M. (2009): Melken war und ist heute noch Schwerarbeit Link: http://bazonline.ch/wissen/dossier/wissen-im-alltag/Melken-war-und-ist-heute-noch-Schwerarbeit/story/22736093; Stand 20.12.2010

⇒ IQ.7:http://www.delaval.de/About_DeLaval/PressCentre/Press_releases/
default.htm; Stand: 20.12.2010 .

⇒ IQ.8:www.westfalia.com; Stand: 20.12.2010

⇒ IQ.9:http://www.lemmer-fullwood.info; Stand: 20.12.2010

⇒ IQ.10:http://www.landwirt.com/Automatische-Melksysteme---AMS-
Melkroboter,,5928,,Bericht.html; Stand: 20.12.2010

⇒ IQ.11:http://www.bayernstall.at/dyn/subinhalt.php?subinhalt_events=331
&inhalt_events=288&titel=Stalleinrichtung&titel2=Melkstand&toc2=7&tem
pl=t2&subev1=289&inev1=288&inev2=288&subev2=331; Stand:
20.12.2010

⇒ IQ.12:https://www.uni-
hohenheim.de/agrartechnik/VTP/Vorlesung/Frei/TTMilcherzeugung.pdf;
Stand: 20.12.2010

⇒ IQ.13: Harms, J. (2006): Automatisches Melken – Entwicklungsstand und
Perspektiven Link:
http://www.albbayern.de/wissen/Fruehjahrstagung%202006/Vortrag_Har
ms.pdf; Stand 20.12.2010

⇒ IQ.14: Rose, S. (2005): Untersuchung mechanischer Belastung am Euter
bei verschiedenen Melksystemen. Dissertation; Stand 20.12.2010

⇒ IQ.15: Att_Kurzbericht_meilenstein_8.pdf; Stand 20.12.2010

⇒ IQ.16: Brade, W., Flachowsky, G. (2005): Rinderzucht und Milcherzeu-
gung: Empfehlungen für die Praxis; Stand: 20.12.2010

Verzeichnis der Abbildungen: